INVENTAIRE

V 327 fa

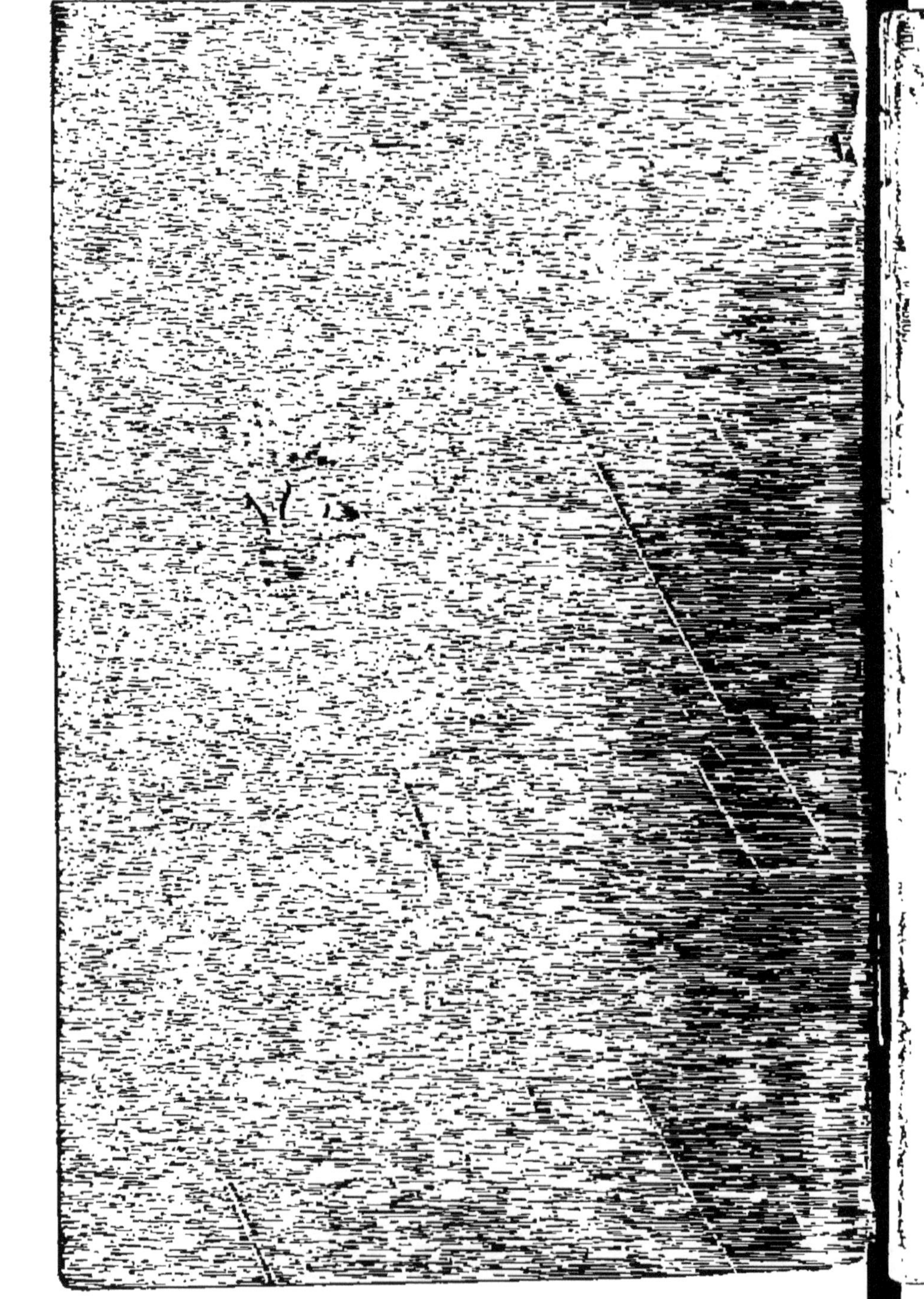

PETITES TABLETTES

CHRONOMÉTRIQUES

A L'USAGE DE TOUT LE MONDE

GUIDE

Pour choisir, diriger et régler soi-même les Montres
et les Pendules

suivi

D'UN APERÇU HISTORIQUE SUR L'ORIGINE
ET LES PROGRÈS DE L'ART DE MESURER LE TEMPS

Par BORSENDORFF, horloger

60 c.

A PARIS

CHEZ L'AUTEUR, RUE DE VANNES, 1

En face la Vallée — Au 1er ÉTAGE

ET CHEZ LES PRINCIPAUX LIBRAIRES

1869

AU CADRAN DES HALLES
En face la Vallée
1, RUE DE VANNES, AU PREMIER ÉTAGE
A PARIS

BORSENDORFF

HORLOGER

Maison spéciale fondée depuis vingt ans pour les réparations de Montres, Pendules, Chronomètres et pièces de précision.

Aujourd'hui que tout le monde vend des montres sans rien y connaître, le public devient chaque jour de plus en plus embarrassé pour savoir où s'adresser lorsqu'il veut faire réparer son horlogerie d'une manière rationnelle, c'est-à-dire conforme aux principes de l'art et aux soins qu'exigent les pièces de plus ou moins grand prix qu'il possède.

Or, cette opération fort complexe demande non-seulement des connaissances spéciales, mais exige aussi une surveillance et une attention tout à fait exclusive, attention qu'on ne saurait rencontrer dans des magasins de vente, tenus, pour la plupart, par des personnes étrangères à l'horlogerie, et qui, d'ailleurs, considèrent le rhabillage des montres qu'on leur donne à réparer comme une chose secondaire.

Nous croyons donc devoir rappeler au public nôtre maison, organisée et connue depuis vingt ans pour cette spécialité. Elle se recommande plus que jamais aujourd'hui aux personnes de *Paris* et de la *province* désireuses d'obtenir de leurs machines horaires le meilleur résultat qu'elles comportent.

TABLE DES MATIÈRES

PETITES TABLETTES

CHRONOMÉTRIQUES

CHAPITRE Ier

Observations sur le choix d'une montre.

Le mouvement d'une montre ordinaire à roue de rencontre est composé d'environ quatre-vingts pièces (1). Le mouvement d'une montre moderne

---

(1) Ce nombre varie en plus ou en moins, suivant les différentes conformations ou *calibres* des montres, qui nécessitent plus ou moins de pièces accessoires, telles que vis, ponts, etc. Ici, nous avons compté les goupilles de la cage et du cadran, qni, dans ce genre de montres, peuvent, eu se détachant, devenir autant de causes supplémentaires de dérangements.

à cylindre n'a pas de chaîne (1) et ne compte qu'environ soixante pièces ; celui à ancre en a cinq en plus pour l'organe supplémentaire de l'échappement.

Les bons services d'une machine étant en raison de sa simplicité, il est donc évident que pour l'achat d'une montre on ne doit pas hésiter à donner la préférence aux dernières. D'ailleurs, ce sont presque les seules qui se font aujourd'hui en fabrique.

Malgré la simplicité relative des mouvements modernes, on voit, par le nombre de pièces qu'ils comportent, qu'une montre trop *mince* ou trop *petite* ne saurait laisser la place voulue pour donner à toutes ces pièces réunies la solidité nécessaire ni l'espace suffisant pour qu'elles fonctionnent à l'aise.

Quant aux montres de l'épaisseur d'une pièce

____

(1) Une chaîne de montre ordinaire est formée d'environ trois cents petits maillons d'acier adaptés ensemble par deux cents petits rivets ou goupilles en acier, et porte en plus un petit crochet à chacun de ses deux bouts.

de deux francs ou petites comme une pièce de vingt centimes, ce sont, sans aucun doute, de vrais tours de force, d'adresse, de patience et d'habileté de main-d'œuvre, mais elles ne doivent jamais être considérées autrement que comme un bijou, une curiosité chronométrique, bonne à flatter la vanité bien plus qu'à rendre de bons services.

Un mouvement de 18 lignes (40 millim.), pour les montres simples d'hommes, et de 14 lignes (32 millim.), pour celles de femmes, sont la limite des grandeurs où l'on doit s'arrêter.

Il faut éviter dans une montre toutes les constructions de fantaisie imposées trop souvent par la mode, telles que figures mouvantes, quantièmes, musique, réveil, etc. Ces complications nécessitent une addition de pièces qui occasionnent des frottements et encombrent un espace déjà trop restreint.

Aussi une montre à répétition ne peut-elle donner de bons résultats qu'à la condition d'être plus grande et plus épaisse qu'une montre simple.

Dans les montres pour l'usage civil, l'échappement à ancre et celui à cylindre sont généralement reconnus comme donnant les meilleurs résultats.

Défiez-vous surtout d'une montre dont l'intérieur est découpé ou couvert de gravures et d'ornementations, laquelle ne manque jamais d'avoir sur sa cuvette des indications ronflantes gravées en grandes lettres. C'est l'apanage particulier des montres du plus mauvais aloi (1).

En dehors des indications qui précèdent, il serait très-difficile d'ajouter une règle précise qui permît à une personne étrangère à l'horlogerie de pouvoir juger par elle-même de la différence, *très-grande cependant*, qui existe entre une montre bien faite et une médiocre, attendu qu'une grande partie de ceux qui professent l'horlogerie ne sont pas toujours capables de le faire.

Le meilleur moyen, le seul bon qui reste à l'acheteur qui veut se procurer une montre ou une

---

(1) Ces montres de pacotille se fabriquent en Suisse par milliers. Elles pullulent aujourd'hui dans toutes les grandes villes, où des industriels, affublés tantôt en marin ou en soldat, se chargent d'en pourvoir tous les amateurs qui aiment LA BELLE HORLOGERIE *à bon marché.*

pendule véritablement bonne, c'est de s'adresser directement à un horloger habile, consciencieux, travaillant par lui-même, et de s'en rapporter complétement à lui. Or, nous nous plaisons à le constater ici pour l'honneur de notre art, ce genre d'horlogers est beaucoup moins rare qu'on pourrait le croire.

Mais, en cette circonstance, il ne faut pas oublier que l'horloger auquel on s'adresse doit posséder non-seulement la conscience, mais aussi le *savoir*. L'honnèteté seule n'offre pas la garantie suffisante.

Car le marchand le plus honnête, qui n'a pas la connaissance nécessaire, étant obligé de s'en rapporter sur ce point à un tiers qui peut l'égarer, peut, à son tour, vous tromper de la meilleure foi du monde, en se trompant lui-même.

CHAPITRE II

De la direction d'une montre et des moyens de la conserver en bon état et en obtenir un bon service.

Une montre donne 18,000 coups de balancier ou vibrations par heure, c'est-à-dire 432,000 par jour ou 157 millions 680,000 par an.

On comprend facilement qu'un mécanisme aussi délicat et remplissant de telles fonctions exige des soins, et ne saurait durer indéfiniment si on ne pourvoit pas à son entretien.

Conséquemment, quand on a fait l'acquisition d'une bonne montre, si on veut la conserver telle et en obtenir de bons résultats, il faut encore savoir la gouverner, la régler, et, de plus, la tenir toujours en bon état de réparation en la faisant nettoyer de temps en temps.

Voici, pour atteindre ce but, les préceptes auxquels on doit se conformer :

1º Remonter sa montre régulièrement tous les jours à la même heure.

2º Éviter de la déposer sur un marbre ou près de tout autre corps froid. La brusque transition de température, en contractant les métaux, peut souvent faire casser le ressort moteur. De plus, le froid coagule les huiles, et les rouages devenant pour cette raison moins libres, ne conservent plus à la montre la même régularité.

3º En quittant sa montre, il faut la suspendre avec soin, de manière à ce qu'elle conserve la position verticale qu'elle avait dans la poche ou le gousset. La différence de la position verticale avec celle horizontale (que les horlogers appellent du *plat* au *pendu*) peut, en une nuit, causer à la plupart des montres une variation très-sensible.

4º Il faut tenir les montres le plus possible dans un lieu sec, ne pas les porter au bain, et surtout ne pas les exposer près de la baignoire à la vapeur de l'eau. L'humidité fait rouiller l'acier et oxyder le cuivre.

5º Pour conserver longtemps intact l'intérieur

de sa montre, il faut s'assurer d'abord que la boîte ferme hermétiquement, puis la porter dans une poche en peau et réservée pour elle seule. La toile et le coton, surtout, dégagent toujours par le frottement un duvet qui pénètre dans les montres les mieux fermées.

A plus forte raison doit-on éviter de porter sa montre mêlée avec de la monnaie, une tabatière ou des petites boîtes renfermant des allumettes ou de l'amadou chimique, etc.

Les aiguilles d'une montre ordinaire ou à répétition peuvent, sans aucun inconvénient, se tourner en arrière comme en avant. Pour remettre sa montre à l'heure, il est toujours préférable de choisir le chemin le plus court.

CHAPITRE III

Des réparations d'une montre.

Indépendamment des accidents imprévus, une montre ne peut aller indéfiniment sans qu'on fasse rétablir ce que le mouvement des mobiles, les frottements et le temps ont pu détériorer dans la machine.

Au bout d'un certain temps, les huiles d'une montre se dessèchent et produisent un corps solide qui, mêlé à la poussière, use et détruit insensiblement les pivots et les organes essentiels de la montre. Ses fonctions deviennent d'abord irrégulières et finissent par cesser tout à fait.

Généralement, lorsqu'une montre à ancre ou à cylindre, qui a été bien réglée, prend un retard de plus en plus accentué, c'est l'indice que les huiles manquent ou sont coagulées. Il faut alors la donner à nettoyer.

Pour les montres anciennes à roue de rencontre, c'est le contraire ; elles avancent d'autant plus que les mêmes causes ou l'usure commencent à se produire.

Lorsqu'on a une bonne montre et qu'on veut la conserver telle, il faut la faire nettoyer au moins tous les deux ou trois ans.

Mais les personnes qui transpirent et qui portent leur montre dans un gousset trop près du contact de la peau, doivent les faire nettoyer plus souvent. Par la chaleur du corps et la transpiration, les huiles se dessèchent plus vite et les aciers se détériorent plus promptement.

Pour faire réparer votre montre, ne confiez ce soin qu'à des mains sûres. Un ouvrier inhabile ou ignorant peut, par un coup de maladresse, porter le plus grand préjudice à la montre la mieux construite.

Or, l'art de réparer les montres (ce que les horlogers appellent le *rhabillage*) est peut-être la partie la plus importante de l'horlogerie et celle qui demande le plus d'aptitude naturelle, le plus d'adresse, le plus de goût et le plus d'intelligence.

C'est assurément la plus étendue et la plus difficile.

En effet, ainsi que nous l'avous dit dans une autre publication : « Le rhabillage comporte et embrasse la mise en état, la réparation rationnelle de toutes les productions de l'horlogerie ancienne et moderne; depuis l'horloge élémentaire à folio jusqu'à la pendule astronomique de nos jours; depuis la répétition de Barlow et l'oignon primitif à corde à boyau jusqu'aux grandes sonneries d'Audemars et la montre microscopique de Pateck. Aussi, un bon rhabilleur n'est-il rien moins que l'horloger accompli. »

C'est donc à ce genre d'artiste que les personnes qui ont de bonne horlogerie et qui tiennent à la conserver devront toujours s'adresser pour leurs réparations.

CHAPITRE IV

Appréciation de la marche d'une montre. — Différence de celle qui varie avec celle qui n'est pas réglée.

Une montre qui n'est pas réglée n'est pas du tout la même qu'une montre qui varie.

La première peut être très-bonne, quoiqu'en marchant uniformément, soit en avance ou en retard. La seconde est toujours mauvaise.

Par exemple, une montre qui, mise à l'heure sur un bon régulateur, avancerait (supposons) d'une minute chaque jour. En suivant cette progression régulière, elle se trouverait avoir gagné deux minutes le deuxième jour, un quart d'heure le quinzième et une demi-heure en un mois.

Serait-ce là une bonne montre?

Assurément oui, car pour que cette montre ait une marche parfaite et précise, que faut-il faire? Simplement la régler, c'est-à-dire lui faire perdre son écart quotidien en touchant à l'index de son cadran d'avance et retard.

Au contraire, une montre qui *varie* est celle qui, tantôt avance, tantôt retarde. Il peut arriver que ces différents écarts de quelques minutes d'avance et de retard par jour se compensent, et qu'alors, une telle montre, par ce fait, se trouve parfois à l'heure exacte à l'instant qu'on la consulte, et même cela au bout d'un mois d'intervalle de sa mise à l'heure.

Mais c'est là une montre imparfaite qui ne peut jamais être réglée. On toucherait en vain au cadran de son avance et retard, le vice est dans l'intérieur du mouvement.

Cependant, on rencontre tous les jours des propriétaires de cette sorte de machines qui en sont enchantés. Ils vantent bien haut leur montre parce que celle-ci se trouve souvent d'accord avec un grand nombre d'horloges non réglées, indiquant chacune des heures différentes. Or, ces bienheureux possesseurs de montres modèles, qui se croient privilégiés, ne doivent justement ce résultat illusoire, mais négatif, qu'à l'instabilité et la

variation continuelle de leur instrument horaire.
Mais : — « L'opinion des hommes est comme leur montre, aucune ne marche de même et chacun se règle sur la sienne. » — Pope.

CHAPITRE V

Du réglage des montres.

Pour observer la marche d'une montre et la régler, il faut d'abord se servir d'une bonne pendule parfaitement réglée, et toujours la même, qu'on adopte comme régulateur.

Toutes les montres ont à l'intérieur un cadran d'avance et retard portant des petites divisions, à l'extrémité desquelles sont gravées d'un côté la lettre A ou *avance*, et de l'autre la lettre R ou *retard*. Ce cadran est, de plus, pourvu d'une aiguille ou index mobile.

Lorsqu'une montre retarde, il faut pousser l'aiguille du côté de l'*avance* pour accélérer sa marche.

Quand elle avance, il faut pousser l'index du côté du *retard* pour la ralentir.

Cette opération doit se faire avec soin et attention, attendu la fragilité de cet organe de la montre. Il faut surtout toujours la faire à l'abri du vent et de la poussière.

Il n'y a aucune règle fixe pour établir le rapport qui peut exister entre les degrés du cadran d'avance et retard et la sensibilité d'une montre, cette sensibilité étant différente d'une montre à l'autre, On n'arrive donc à trouver le point précis où une montre est à son maximum de régularité que par le tâtonnement.

Si une montre n'a qu'un faible écart d'une ou deux minutes par jour, on pousse l'index seulement d'un degré. On attend vingt-quatre heures pour juger de l'effet, et l'on agit ensuite selon le résultat obtenu.

Quand la variation est plus grande, comme, par exemple, de dix minutes de *retard* en un jour, on doit pousser l'aiguille à l'extrémité de l'avance, quitte à revenir le lendemain sur ses pas. Mais si, dans cet état, la montre retardait encore, il faudrait la donner à l'horloger pour qu'il la réglât lui-même en touchant au spiral.

Lorsqu'une montre ne fait qu'un écart de trois ou quatre secondes par jour ou deux minutes en un mois, il faut se contenter de la remettre tout simplement à l'heure ; car, indépendamment que la marche d'une telle montre ne variant que de quatre secondes par jour serait déjà une rare perfection, puisque l'Observatoire n'en demande pas davantage pour ses chronomètres, il y aurait impossibilité de produire une correction assez minime pour une si petite erreur.

Erreur vraiment insignifiante, si l'on songe, ainsi que nous l'avons dit précédemment, que le balancier, qui est le régulateur de la montre, fait cinq oscillations par seconde, soit *quatre cent trente-deux mille* par heure. Il ne faut donc, pour chaque vibration du balancier, qu'une différence de la *cent huit millième partie d'une seconde* pour produire une variation de deux minutes par mois,

D'ailleurs, sur quelle pendule pourrait-on se régler pour constater un écart aussi microscopique ? L'horloge sur laquelle on se guide ne peut-elle pas, elle-même, avoir produit tout, ou au moins une partie de l'erreur ?

L'Observatoire seul pourrait donc donner des renseignements certains; mais comme l'a dit si spirituellement M. Robert Houdin fils dans un petit recueil où nous empruntons beaucoup : « l'Observatoire ne se dérange pas pour si peu; il aurait trop à faire, s'il réglait toutes les montres qui ne vont pas bien. »

Nous ne pouvons mieux terminer cette petite étude sur les montres qu'en la résumant par les aphorismes suivants, de M. Léon Noël.

APHORISMES CHRONOMÉTRIQUES

I. Une montre, pour être montre, ne veut et ne peut être que montre.

II. Plus grande est sa simplicité, plus grande aussi sa qualité.

III. Grosse montre — pas trop hâté. Petite montre — pas trop traîné. Montre moyenne — marche assurée.

IV. En montre plate et cage étroite, l'aiguille est gauche et l'heure boîte.

V. Pas trop nombreux diamants: ce sont défauts sans ornements.

VI. Fidélité d'exécution, harmonie de composition, sont gages de conservation.

VII. Toujours bon choix doit se restreindre à la bonne montre à cylindre.

VIII. Bonne montre et bon cheval en mauvaises mains tournent mal.

IX. Conduire et régler une montre par l'usage seul se démontre.

X. Toujours à sec, jamais à plat! Montre ainsi tenue reste en bon état.

XI. Le chaud la dilate, le froid la resserre; il faut à la montre une tiède atmosphère.

XII. Remettre sa montre à l'heure tous les huit jours, c'est la faire marcher toujours.

XIII. Pour remettre votre montre à l'heure, — toujours la clef, jamais le doigt! — L'aiguille à l'envers va comme à l'endroit.

XIV. Tous les deux ans faites nettoyer votre montre. — Montre nettoyée a vie assurée.

XV. Monter chaque jour sa montre *à la même heure* est la chose la meilleure.

XVI. OEil ferme, main sûre — et clef Bréguet, pour sa montre sont d'un bon effet.

CHAPITRE VI

Des Pendules (1).

Les pendules de cheminée étaient autrefois considérées comme des instruments de précision. Tout l'ensemble était alors approprié pour y loger à l'aise le mouvement, qui en était l'objet principal, et pour laisser à son balancier une longueur raisonnable assurant un bon réglage.

De nos jours, les pendules ne sont plus, pour la plupart, qu'un ornement de cheminée et un objet de pure fantaisie; elles font partie de l'ameublement, et subissent pour la forme, comme la

(1) Le nom de *pendules* a été donné par abréviation aux horloges de cheminée, à cause de l'application du PENDULE, comme balancier, faite à ce genre de machines horaires, qui, dans le principe, avant la découverte de Galilée, avaient pour régulateur un balancier horizontal dit à folio, qui se réglait au moyen de petits poids qu'on éloignait ou rapprochait du centre.

coupe de nos vêtements, tous les caprices de la mode.

Quant aux mouvements, ils ne semblent plus être que la chose secondaire. On les loge aujourd'hui comme l'on peut, on les fait trop petits, on tient les balanciers trop courts, et qu'importe si les principes de la bonne horlogerie s'y opposent et exigent le contraire, la mode seule commande, il faut lui obéir. Aussi ne nous permettrons-nous pas de critiquer une souveraine si puissante.

Nous abordons donc très-humblement notre sujet, en constatant toutefois qu'une pendule trop basse, quelle que soit sa perfection, ne saurait donner un réglage aussi parfait que celle qui est pourvue d'un long balancier.

Un mouvement de pendule ordinaire à sonnerie se compose généralement d'environ cent vingt-quatre pièces, dont quinze roues, dix pignons (1), sept ressorts, y compris les deux moteurs appelés *grands ressorts*, vingt-deux vis, dix-huit gou-

______

(1) Axe des roues portant des dents ou petite roue menée par les grandes.

pilles et quarante-six pièces diverses assemblées ou non.

Un mouvement ordinaire sans sonnerie en compte quarante-huit de moins. Mais ici le complément de pièces qu'exige la sonnerie n'influe en rien sur la marche de la pendule.

Ce sont deux mécanismes entièrement distincts, ayant chacun leur moteur particulier, et qui, bien que logés dans la même *cage ou bâti*, sont tout à fait indépendants l'un de l'autre. Ils ne sont mis en communication que seulement deux fois par heure pendant cinq minutes, par le simple contact d'une goupille rencontrant une détente aux heures et aux demies.

MISE EN MARCHE D'UNE PENDULE

Pour transporter une pendule, il faut en décrocher le balancier. Différemment, on s'expose à fausser les dents de la roue d'échappement, casser ses pivots et faire d'autres avaries. C'est pourquoi le marchand expédie toujours ces deux objets séparés l'un de l'autre.

Lorsqu'une pendule est arrivée à destination, voici, si l'on n'a pas d'horloger sous la main, comment il faut procéder pour la mettre en marche :

ACCROCHEMENT DU BALANCIER

1º Pour remettre le balancier en place, il faut d'abord ôter le timbre en dévissant l'écrou qui le fixe en place ;

2º Accrocher le balancier à la soie ou à la lame mince d'acier, servant de suspension, qui est située en haut du derrière du mouvement, mais en ayant soin d'abord d'introduire la tige du balancier entre les deux dents d'une fourchette qui se trouve dans la même direction perpendiculaire que la suspension ;

3º Lorsque le balancier est en place, s'assurer que sa tige ne porte pas au fond de la fourchette. On corrige ce défaut en calant la pendule par le devant pour ramener le balancier en arrière et réciproquement si c'est le contraire ;

4° Remettre le timbre en place, ayant soin d'en bien serrer l'écrou. Essayer si le marteau frappe convenablement ; dans le cas contraire, on éloigne ou rapproche le marteau, en faussant légèrement sa tige. Ensuite on procède à sa mise d'aplomb, appelée *mise d'échappement* par les horlogers.

MISE D'APLOMB

Une pendule ne peut marcher si elle n'est pas parfaitement d'aplomb. Mais on serait dans l'erreur si l'on pensait que la mise d'aplomb consiste simplement à caler la pendule pour l'empêcher de vaciller, bien que ce calage soit très-important ; il est insuffisant et diffère complétement de la mise d'aplomb, qu'il ne faut pas confondre non plus avec la mise de niveau, laquelle ne serait ici d'aucune utilité.

La mise d'aplomb se perçoit par le sens de l'ouïe ; elle consiste en ce que les deux coups frappés par l'échappement soient d'égale durée.

Une pendule est d'aplomb quand le balancier

emploie le même temps pour ses oscillations de droite que pour celles de gauche.

Elle ne l'est pas lorsque les coups sont inégaux et boiteux. Il faut alors y remédier en levant la pendule avec des cales du côté où le coup est plus long.

Pour obtenir ce même résultat, les horlogers tournent légèrement le mouvement dans sa boîte du côté opposé où penche la pendule, en desserrant la vis de derrière, ou bien ils faussent la fourchette ; mais cette dernière opération ne peut être exécutée que par des mains expérimentées.

On fait aujourd'hui des mouvements de pendules qui se mettent d'aplomb d'eux-mêmes. Pour ceux-là on n'a qu'à donner au balancier une plus grande oscillation qu'il ne comporte, et par cet excès de marche, la pièce d'échappement, qui est à frottement sur sa fourchette, reçoit à droite et à gauche une rectification qui la met parfaitement d'aplomb.

Dans les pendules qui ne sont pas pourvues de ce perfectionnement, le balancier doit être mis en marche très-doucement. Il ne faut donner à l'oscillation qu'on lui imprime que l'amplitude nécessaire, pour que les dents se dégagent de l'échappement. Un mouvement brusque au balancier pourrait causer des dommages.

MISE A L'HEURE

Une fois d'aplomb et en marche, la pendule doit être mise à l'heure. Pour cela il suffit de tourner en avant la grande aiguille, en s'arrêtant sur les heures et les demies le temps nécessaire pour laisser accomplir les fonctions de la sonnerie, et continuer ainsi jusqu'à l'heure véritable si la sonnerie frappe bien l'heure indiquée par les aiguilles.

Dans le cas contraire, on remettrait la sonnerie d'accord par le moyen suivant :

RECTIFICATION DE LA SONNERIE

Si la sonnerie frappe une heure différente que

celle indiquée sur le cadran par l'aiguille des heures (la plus petite), on met simplement cette aiguille, qui est à frottement, sur l'heure frappée par la sonnerie, après quoi on tourne, comme d'ordinaire, la grande aiguille jusqu'à ce que la pendule se trouve à l'heure.

Si, comme cela arrive souvent, la sonnerie frappe la demie tandis que l'aiguille des minutes se trouve sur le midi, et réciproquement, on corrige ce défaut en faisant faire vivement un tour entier à la grande aiguille, sans donner le temps à la sonnerie de fonctionner avant qu'on ne soit arrivé sur le midi.

Les horlogers remettent la sonnerie d'accord sans toucher aux aiguilles ; à cet effet, ils soulèvent simplement une petite détente qui se trouve en saillie près du marteau, autant de fois qu'il faut faire sonner d'heures pour rattraper celle qu'indique le cadran. Mais ce moyen demande déjà une certaine connaissance des pièces du mouvement.

Règle générale. — LA PETITE AIGUILLE *d'une*

pendule étant à frottement sur son axe, tourne à droite et à gauche sans aucun danger. LA GRANDE AIGUILLE d'une pendule ne doit jamais être tournée en arrière, sous peine de dérangement des effets de sonnerie.

CHAPITRE VII

Du réglage d'une pendule.

Plus un balancier est long, plus ses oscillations sont lentes, et plus il est court, plus elles sont promptes (1). Conséquemment, si on allonge le balancier d'une pendule, on la fera retarder; si, au contraire, on le raccourcit, on la fera avancer.

C'est ce moyen qu'on emploie pour régler les pendules. L'avance et retard dans ces machines n'est pas autre chose que l'application de ce procédé.

Dans les pendules modernes, L'AVANCE ET RETARD est placé sur le cadran, au-dessus de midi. Il consiste en un petit carré saillant qu'on peut faire tourner avec une clef de montre : pour faire

---

(1) La longueur d'un pendule ou balancier se mesure du point de suspension au centre d'oscillation de la lentille. Le poids plus ou moins grand de celle-ci ne change en rien la vitesse des vibrations.

AVANCER la pendule, il faut *tourner à droite*, du même côté qu'on tourne les aiguilles ; pour la faire RETARDER, il faut *tourner à gauche*.

Il n'existe aucune proportion entre les écarts d'une pendule et la construction de l'avance et retard. Ce n'est donc que par tâtonnement que l'on arrive à un réglage définitif.

Pour un écart d'une minute par jour, on peut tourner, par exemple, un quart de tour, sauf à augmenter ou diminuer suivant le résultat obtenu (1). Dans les pendules modernes, où le balancier est accroché à une lame d'acier, un tour

---

(1) Le pendule simple, qui donne une oscillation par seconde à Paris. a pour longueur 994 millimètres. Celui qui fait deux oscillations par seconde n'a que 248 milli·mètres. Les longueurs de deux pendules ou balanciers sont entre elles eu raison inverse du carré des vibrations. Il suit donc que celui qui fait deux vibrations par seconde ne doit avoir que le quart de la longueur de celui qui ne fait qu'une vibration dans le même espace de temps.

On voit par là que la quantité dont on doit allonger ou raccourcir un balancier pour régler une horloge change selon que son balancier est plus long ou plus court.

entier répond, comme longueur, à l'écartement d'un pas de vis de la suspension, environ trois ou quatre dixièmes de millimètre.

Dans les pendules où le balancier est suspendu par une soie, celle-ci s'enroulant sur une tige, l'avance et retard est plus sensible. Un tour équivaut, comme longueur, à trois fois le diamètre de cette tige. Il faut faire moins.

CHAPITRE VIII

Temps vrai et temps moyen.

Le temps *vrai* ou apparent est le temps que le soleil emploie à revenir au même méridien.

C'est celui que marque un cadran solaire; il participe aux inégalités du mouvement du soleil.

Le temps *moyen* ou égal est celui que marque une pendule bien réglée, c'est-à-dire divisant l'année en jours d'une égalité parfaite (1).

Si la terre ne faisait seulement que de tourner sur elle-même en vingt-quatre heures, le soleil se trouverait chaque jour vis-à-vis du même point terrestre. Nous pourrions avoir un accord parfait

---

(1) Pour établir le temps moyen, les astronomes ont pris la durée de la révolution de la terre autour du soleil, et ils ont divisé ce temps, dont les heures sont inégales, en autant d'heures égales qu'il y a d'heures dans l'année.

entre le midi du soleil (1) et celui de nos pendules.

Mais il n'en est pas ainsi. Indépendamment de sa rotation diurne, la terre, par un mouvement de translation dont la vitesse varie suivant le cours des saisons, accomplit en outre, en un an, une révolution autour du soleil, variation qui se balance, dans le cours d'une année, entre un quart d'heure environ d'avance et à peu près la même quantité de retard sur le midi.

ÉQUATION DU TEMPS

Le mouvement du soleil n'étant pas parfaitement uniforme, il en résulte qu'il arrive tantôt un peu plus tôt et tantôt un peu plus tard au méridien. Si nous supposons une excellente pendule bien réglée, c'est-à-dire divisant l'année en jours

---

(1) Le midi du soleil ou *du temps vrai* est le moment où le centre du soleil se trouve perpendiculairement au-dessus d'un point quelconque de notre méridien.

parfaitement égaux, le midi indiqué par cette pendule sera tantôt en avance et tantôt en retard sur le midi marqué par un bon cadran solaire. C'est cette différence qui forme *l'équation du temps*.

Les tables d'équation donnent jour par jour la différence, soit en avance, soit en retard, qui existe entre le midi du soleil ou du temps vrai et le midi du temps moyen.

Il n'arrive que quatre fois dans l'année que le temps vrai s'accorde, du moins à peu de chose près, avec le temps moyen, c'est aux environs du 15 avril et 15 juin, du 1er septembre et du 21 décembre.

C'est donc une grave erreur que de prétendre faire marcher une montre en accord avec le soleil.

Cependant, on voit à Paris bon nombre de personnes prendre encore le canon du jardin du Palais-Royal pour un régulateur infaillible. Elles sont là chaque jour qui attendent, l'oreille au guet, le coup de canon de midi pour mettre leur montre à l'heure. Or, les bonnes gens peuvent se flatter d'avoir ainsi les montres les plus mal réglées de tout Paris.

Pour régler une montre sur un cadran solaire (1), il faut tenir compte des différents écarts entre le temps vrai et le temps moyen qui sont indiqués sur les tables d'équation.

La table suivante est dressée de cinq jours en cinq jours; ses indications sont suffisantes pour l'usage civil. Toutefois, si l'on désirait des renseignements plus précis, on pourrait consulter les tables publiées chaque année par le Bureau des longitudes.

L'usage de cette table est très-facile. Veut-on régler sa montre sur un cadran solaire, par

---

(1) Dans les cadrans solaires, la ligne droite sur laquelle se projette l'ombre du style à midi est la *méridienne du temps vrai*. On peut en traçant sur ces cadrans une certaine courbe dont la forme approche de celle d'un 8, et qu'on nomme la *méridienne du temps moyen*, se passer de table d'équation, l'indication du midi moyen ou usuel étant donné par l'ombre du style sur un des points de la courbe.

exemple, le 1er février, on verra que ce jour-là le soleil retarde de 14 minutes, et l'on conclura que, lorsque le cadran solaire marquera midi, une montre sera réglée si elle indique à cet instant XII heures 14 minutes, soit 14 minutes d'avance.

TABLE D'ÉQUATION

Pour régler les Montres d'après les Cadrans solaires

Janvier		Février		Mars	
Jours du mois	LE SOLEIL retarde	Jours du mois	LE SOLEIL retarde	Jours du mois	LE SOLEIL retarde
1	R. 4 m.	1	R. 14 m.	1	R. 13 m.
5	R. 6 —	5	R. 14 —	5	R. 12 —
10	R. 8 —	10	R. 15 —	10	R. 10 —
15	R. 10 —	15	R. 14 —	15	R. 9 —
20	R. 11 —	20	R. 14 —	20	R. 8 —
25	R. 13 —	25	R. 13 —	25	R. 6 —

Avril		Mai		Juin	
Jours du mois	LE SOLEIL av. et retar.	Jours du mois	LE SOLEIL avance	Jours du mois	LE SOLEIL av. et retar.
1	R. 4 m.	1	A. 3 m.	1	A. 3 m.
5	R. 3 —	5	A. 3 —	5	A. 2 —
10	R. 1 —	10	A. 4 —	10	A. 1 —
15	0 0 —	15	A. 4 —	15	0 0 —
20	A. 1 —	20	A. 4 —	20	R. 1 —
25	A. 2 —	25	A. 3 —	25	R. 2 —

SUITE

DE LA TABLE D'ÉQUATION

Juillet		Août		Septembre	
Jours du mois	LE SOLEIL retarde	Jours du mois	LE SOLEIL retarde	Jours du mois	LE SOLEIL avance
1	R. 3 m.	1	R. 6 m.	1	A. 0 m.
5	R. 4 —	5	R. 6 —	5	A. 1 —
10	R. 5 —	10	R. 5 —	10	A. 3 —
15	R. 6 —	15	R. 4 —	15	A. 5 —
20	R. 6 —	20	R. 3 —	20	A. 7 —
25	R. 6 —	25	R. 2 —	25	A. 8 —

Octobre		Novembre		Décembre	
Jours du mois	LE SOLEIL avance	Jours du mois	LE SOLEIL avance	Jours du mois	LE SOLEIL avance
1	A. 10 m.	1	A. 16 m.	1	A. 11 m.
5	A. 12 —	5	A. 16 —	5	A. 9 —
10	A. 13 —	10	A. 16 —	10	A. 7 —
15	A. 14 —	15	A. 15 —	15	A. 5 —
20	A. 15 —	20	A. 14 —	20	A. 2 —
25	A. 16 —	25	A. 13 —	25	R. 0 —

CHAPITRE IX

De la différence d'heure en voyage.

Lorsqu'on voyage dans une direction orientale ou occidentale, il est désagréable de voir à chaque instant sa montre en désaccord avec les horloges des villes où on séjourne (1).

Si l'on part de Paris, par exemple, en se dirigeant vers l'Est, ayant mis sa montre sur l'heure de cette ville, à peine est-on à Meaux que la montre est déjà en retard de deux minutes ; à Châlons le retard est de dix minutes ; à Nancy un quart

---

(1) Un voyageur faisant route vers l'Orient ou l'Occident aurait une montre bien mal réglée si elle se trouvait à l'heure partout où il passe. Une montre bien réglée doit paraître avancer dans le premier cas et retarder dans le second à raison de 4 minutes par degré de longitude, attendu que le soleil, dans sa révolution apparente autour de la terre, parcourt, d'Orient en Occident, 360 degrés en 24 heures, soit 15 degrés par heure.

d'heure, et lorsqu'on arrive à Strasbourg on a vingt-deux minutes d'écart.

Si l'on se dirige vers l'Ouest, c'est le contraire ; votre montre avance dans des proportions égales à l'éloignement de Paris, et à Brest l'avance de votre montre s'élève à vingt-sept minutes.

La rapidité avec laquelle on voyage aujourd'hui en chemin de fer, rend encore l'inconvénient plus sensible, car, arrivé à destination, on est d'autant plus désorienté que durant tout le trajet, la montre n'a cessé d'être d'accord avec les différentes gares qu'on a traversées, les administrations des chemins de fer ayant adopté l'heure de Paris sur tout le parcours.

Pour expliquer la cause de ce désaccord, un mot va suffire.

Le méridien de l'Observatoire de Paris est pour toute la France le point de départ des autres méridiens (1).

---

(1) Un méridien ou longitude est une ligne fictive partant

Tous les lieux, comme Dunkerque, Carcassonne, etc., qui se trouvent sous le méridien de l'Observatoire, auront au même moment que Paris midi, si c'est dans notre hémisphère, et minuit si c'est dans l'hémisphère opposé.

Or, comme la terre, dans son mouvement de rotation qu'elle accomplit en 24 heures d'Occident en Orient, présente successivement au soleil tous les méridiens du monde, il en résulte que lorsqu'il est midi à Paris, c'est-à-dire lorsque le méridien de cette ville est sous le soleil, les méridiens des villes qui sont à l'Est ont déjà quitté cette position, tandis que ceux de l'Ouest n'y sont pas encore arrivés.

On comprend, dès lors, comment l'éloignement d'un méridien de celui de notre Observatoire constitue à l'Est et l'Ouest le retard et l'avance sur l'heure de Paris.

---

directement d'un point quelconque du globe et faisant le tour de la terre en passant par les deux pôles. Tous les points de la terre ont leur méridien.

Au moyen de la table suivante, tout voyageur pourra au besoin constater la différence qui doit exister entre l'heure des diverses villes de France et l'heure de Paris, et connaître ainsi, à une minute près, si sa montre va bien.

HEURES DE QUELQUES VILLES DE FRANCE

Situées à l'Est du méridien de Paris

			minutes
Arras........	avance s. l'heure de Paris de		2
Aurillac......	id..........	id.........	0
Avignon......	id..........	id.........	10
Besançon.....	id..........	id.........	15
Bourges......	id..........	id.........	0
Colmar.......	id..........	id.........	20
Dijon........	id..........	id.........	11
Grenoble.....	id..........	id.........	14
Lille........	id..........	id.........	3
Lyon,........	id..........	id.........	10
Mâcon........	id..........	id.........	10
Marseille.....	id..........	id.........	12
Metz.........	id..........	id.........	15
Montpellier...	id..........	id.........	6
Moulins......	id..........	id.........	4
Nancy........	id..........	id.........	15
Narbonne.....	id..........	id.........	3
Nevers.......	id..........	id.........	3
Nîmes........	id..........	id.........	8
Perpignan....	id..........	id.........	2
Reims........	id..........	id.........	7
Saint-Etienne.	id..........	id.........	8
Soissons......	id..........	id.........	4
Strasbourg,...	id..........	id.........	22
Toulon.......	id..........	id.........	14
Troyes.......	id..........	id.........	7
Valence.......	id,..........	id.........	10
Valenciennes..	id..........	id.........	5

HEURES DE QUELQUES VILLES DE FRANCE

Situées à l'Ouest du méridien de Paris

			minutes
Alby............	**retarde** s. l'heure de Paris de		1
Amiens........	id............	id.........	0
Angers........	id..........	id.........	12
Bayonne......	id..........	id.........	15
Beauvais.....	id..........	id.........	1
Blois	id..........	id.........	4
Bordeaux.....	id..........	id.........	12
Boulogne-s.-M.	id	id.........	3
Brest	id..........	id.........	27
Caen..........	id..........	id.........	11
Chartres.....	id..........	id.........	3
Calais.,......	id..........	id.........	6
Cherbourg....	id..........	id.........	16
Dieppe........	id..........	id.........	5
Havre (le)....	id..........	id.........	9
Limoges	id..........	id.........	4
Le Mans......	id..........	id.........	9
Nantes........	id..........	id.........	16
Orléans.......	id..........	id.........	2
Pau..........	id..........	id.........	11
Périgueux,....	id..........	id.........	6
Poitiers.......	id..........	id.........	8
Rennes........	id..........	id.........	16
Rochefort.....	id..........	id.........	13
Rouen.........	id..........	id.........	5
Toulouse.....	id..........	id.........	4
Tours.........	id..........	id.........	7
Versailles.....	id..........	id.........	1

Ces différences augmentent en raison de l'éloignement des méridiens. Elles sont encore bien plus grandes à l'étranger. Ainsi, à l'Est de notre méridien :

Varsovie	**avance** s. Paris de	1 h. 14 m.
Sébastopol.........	—	2 h. 4 m.
Ispahan	—	3 h. 17 m.
Pondichéry	—	5 h. 9 m.
Pékin.............	—	7 h. 36 m.
Sanguir	—	8 h. 12 m.
Port-Jockson	—	9 h. 55 m.
Nouvelle-Calédonie	—	10 h. 48 m.
Boulangha.........	—	11 h. 56 m.

Tandis qu'à l'Ouest de notre méridien :

Lisbonne.........	**retarde** s. Paris de	46 m.
L'Ile-de-Fer.....	—	1 h. 22 m.
Rio-Janeiro......	—	3 h. 2 m.
New-York	—	5 h. 6 m.
Nouvelle-Orléans.	—	6 h. 10 m.
San-Francisco....	—	8 h. 20 m.
Nouka-Hiva......	—	9 h. 31 m.
L'Ile-Chatam.....	—	12 h. 3 m.

CHAPITRE X

De l'origine et des progrès de l'art de mesurer le temps jusqu'au dix-neuvième siècle

L'origine de l'art de la mesure du temps doit se perdre dans la nuit profonde des siècles, car la nécessité de partager la durée du jour en différentes parties est tellement inhérente à tous les besoins de la vie humaine, que les premiers peuples policés ont dû, sans nul doute, chercher et avoir des moyens quelconques de compter ou diviser la durée de la journée.

Une des plus anciennes méthodes a été probablement l'observation du mouvement apparent du soleil, cette belle horloge de la nature, marquant l'heure pour tout le monde, ayant pour cadran la surface de la terre et pour aiguilles les millions d'ombres qu'elle projette sur tous ses points.

Aussi trouve-t-on chez les Chaldéens et à Babylone des cadrans solaires très-compliqués et des traces qui indiquent déjà une science profonde de gnomonique.

Les anciens Gaulois, qui comptaient par nuits et non par jours, par respect pour le dieu *Hoeder* ou l'aveugle, dont ils croyaient descendre, avaient un moyen de diviser les nuits.

Les Grecs partageaient déjà le jour en douze parties. Un poëte ancien, parlant d'un certain médecin qui vivait sous le troisième Ptolémée, rapporte que ce médecin annonça à un malade qu'il mourrait à la septième heure.

La journée romaine était distribuée en trois divisions : le matin, le midi et le soir. Un licteur du consul annonçait tous les jours le midi sur la place publique de Rome.

L'horlogerie proprement dite, c'est-à-dire la mesure du temps par le moyen des machines indiquant ses divisions, semble avoir pris naissance dans l'Orient, du moins les premières machines qui apparurent en France furent apportées de ce pays : tels sont les clepsydres ou horloges d'eau et le sablier.

La clepsydre était en usage chez les Égyptiens. Cet instrument, qui mesurait la durée de la journée par les quantités d'eau qui s'écoulaient successivement d'un vase, fut singulièrement perfectionné par les Grecs, qui en firent un meuble de luxe. La clepsydre devint parmi eux une espèce de machine hydraulique qui, par l'écoulement de l'eau, mettait en jeu différentes figures.

Le sablier date d'une haute antiquité et était aussi connu des Égyptiens; les Grecs le leur ont emprunté : ce sont eux qui en ont fait un emblème du Temps, que les sculpteurs représentent toujours avec un sablier.

PREMIÈRE ÉPOQUE. — *Horloges hydrauliques et cadrans solaires.*

Avant J.-C.

400. — Vers la 94e Olympiade, à Athènes, Platon inventa, dit-on, la première horloge nocturne. C'était une clepsydre qui indiquait les heures de la nuit par le son et le jeu d'une flûte.

275, ou l'an 477 de la fondation de Rome. — Construction dans cette ville du premier cadran solaire. Il avait été apporté de Sicile.

250. — Invention des roues dentées, des mouf-
fles, de la vis sans fin, par Archimède,
célèbre géomètre, né à Syracuse, en
Sicile, vers l'an 287 avant J.-C., et
mort en 212.

200. — Apparition à Rome de la première horloge d'eau à rouage; elle était en la
possession d'un nommé Trivulcien.

140 — Ctécibius, célèbre mécanicien, à Alexan-
drie, construit la première clepsydre
remarquable; c'est une espèce de machine hydraulique dans laquelle les
roues dentées sont en usage, et qui,
par l'écoulement de l'eau, mettait en
jeu différentes figures d'ornement. Il
était fils d'un barbier et fut barbier
lui-même. On lui attribue la découverte de la pompe aspirante et fou-
lante à deux corps de pompe.

75. — A cette époque, durant les triomphes de
Pompée, les Romains admirèrent,
parmi les dépouilles de l'Orient, une
horloge entourée de perles.

Après J.-C.

100. — On parle, à cette époque, de plusieurs
autres horloges magnifiques, exécu-
tées pour des princes de Constanti-
nople et de Perse. On cite particuliè-
rement une horloge mécanique en or,
appartenant à Théophile, empereur
d'Orient ; elle était décorée de grif-
fons, de lions et d'oiseaux, qui, dit-on,
poussaient des sons différents, imi-
tant leur chant naturel.

400. — Apparition en France des premières horloges venant d'Orient ; elles sont mues
par des clepsydres.

490. — Théodoric, roi des Goths, envoie à Gon-
debaud, roi de Bourgogne, deux horloges : l'une solaire, l'autre hydraulique.

510. — Premier essai d'horlogerie tenté en
Allemagne par Sévère Boethius.

721. — Construction en Chine, par Hi-Hang, astronome chinois, de la première horloge à sonnerie. Cette horloge marquait les mouvements célestes et son-

nait un coup à chaque division du jour (Rapport du P. Goupil, missionnaire).

760. — Le pape Paul Ier fait présent à Pepin le Bref d'une horloge à rouage.

809. — Haroun-al-Raschid, calife, envoie à Charlemagne une horloge en laiton, ayant des figures mouvantes, marquant les mouvements célestes et sonnant les heures. Cet effet se faisait par douze boules d'airain qui tombaient successivement sur un timbre, et qui, à chaque heure, faisaient sortir un cavalier (1).

DEUXIÈME ÉPOQUE. — *Horloges à poids,*

850. — Construction, en France, de la première horloge mue par un poids sans le se-

---

(1) Toutes ces différentes horloges avaient, sans aucun doute, des roues dentées et l'eau pour force motrice ; car, jusque-là, rien ne prouve qu'on ait seulement employé un poids pour faire marcher aucune de ces machines.

cours de l'eau. Elle fut faite par Pacificus, de Vérone. Il paraît être l'inventeur de l'échappement, mécanisme ingénieux, où l'inertie d'un balancier horizontal est employée, afin de retarder et de régler le mouvement ou la vitesse des roues.

930. — Gerbert, moine d'Aurillac, devenu précepteur de Othon III, empereur d'Allemagne, fabrique pour ce prince l'horloge de Magdebourg, d'un mécanisme très-avancé et savamment conçu. Il parvint, en 999, au trône pontifical, sous le nom de Sylvestre II.

1326. — Walingfort, bénédictin anglais, construit la première horloge faite sur le principe de celles d'aujourd'hui.

1345. — Placement sur la tour de Padoue d'une horloge publique, exécutée par un ouvrier nommé Albert Antoine sur les plans et dessins de Jacques Dondis. Elle marquait, outre les heures, la marche annuelle du soleil, suivant les douze signes du zodiaque, et celle des planètes. — Ce mécanisme, fruit de seize années de méditations, excita une si grande admiration, qu'elle valut à son auteur le surnom d'*Horlogius*.

1368. — Première horloge publique en Angleterre, placée à l'abbaye de Westminster, à Londres.

1370. — Construction à Paris, par Henri de Vic, Allemand, de la première horloge publique, placée sur la tour carrée du palais de Charles V (aujourd'hui Palais de Justice).

1377. — Exécution et placement de l'horloge de la cathédrale de Sens.

TROISIÈME ÉPOQUE. — *Horloges portatives.*

1400. — Invention du ressort. — Construction en Allemagne des premières pendules d'appartements. On parle déjà à cette date d'une montre de poche qui aurait été présentée à Charles VI, roi de France.

1510. — Henry VIII, roi d'Angleterre, possède, dit-on, une montre portative, marchant huit jours sans être remontée.

1570. — Apparition à Paris des premières montres portatives. — Sous Henri III, les gens de la cour commencèrent à en porter. Elles étaient richement travaillées, de forme ovale ou d'amende. On les appelait des œufs de Nuremberg, parce qu'elles étaient faites par des ouvriers de ce pays.

1580. — Exécution de la fameuse horloge de la cathédrale de Strasbourg, d'après les dessins de Conrad Dasypodius, mathématicien allemand.

1610. — Découverte du pendule simple par Galilée, célèbre astronome, né à Pise, en Italie, l'an 1564, et mort en 1642.

1650. — Invention de la fusée. L'auteur est inconnu. A cette époque, une corde à boyau remplissait la fonction de la chaîne.

QUATRIÈME ÉPOQUE

1656. — Application du pendule de Galilée aux horloges par Christian Huygens, en remplacement de l'échappement à folio, seul employé jusqu'alors (1). Il imagina et appliqua le ressort spiral aux balanciers régulateurs des montres, au moyen duquel ce régulateur a acquis la propriété essentielle de faire des vibrations qui sont indépendantes de l'échappement. — Hooke, géomètre anglais, et l'abbé Hautefeuille, en France, s'attribuent également cette invention. — On doit aussi à Huygens la première application des horloges à la connaissance des longitudes en mer, la cycloïde, le pendule circulaire ou parabolique et la théorie du pendule.

____

(1) Galilée en avait eu la pensée. Il paraît même que son fils, Vincent, fut le premier qui appliqua la découverte de son père aux horloges, et que Huygens ne fit que perfectionner son invention.

A cette époque, on imagina les pendules à réveil, à quantième et à équation.

1676. — Invention, en Angleterre, des pendules et des montres à répétition, par Barlow et Quarre. La première est exécutée par Tompion, sur les dessins des deux premiers.

1700. — Facio, de Genève, perce les rubis pour les montres. — Invention de l'échappement à recul, par Clément, horloger à Londres, en remplacement de l'échappement à verge, seul existant alors.

1730. — Invention de l'échappement à cylindre pour les montres et à repos pour les pendules, par Graham, célèbre horloger de Londres.

1734. — Première publication du *Traité des Horloges*, par le P. Alexandre.

1740. — Lépine invente l'échappement à virgule et les mouvements de montre établis sur une seule platine. — A cette époque, l'horlogerie a déjà beaucoup de développement en Suisse.

1741. — Thiout publie son *Traité d'Horlogerie.*

1745. — Pierre Leroy invente l'échappement libre Duplex.

1750. — Harrisson, célèbre horloger de Londres, crée les premières montres marines.

— Invention de l'échappement libre, par Arnold.

1754. — La corporation des horlogers de Paris a 350 maîtrises. L'apprentissage est de 8 ans. La réception coûte 1,000 livres. environ.

1755. — Lepaute invente l'échappement à cheville pour les pendules, fait la première horloge horizontale pour le palais du Luxembourg, et un *Traité d'Horlogerie* très-estimé, qu'il publia en 1767.

1763. — Publication du *Traité d'Horlogerie* le plus étendu, par Ferdinand Bertoud. Il poussa les montres marines à la plus haute perfection. On lui doit plus de dix volumes in-4º sur l'horlogerie.

1790 à 1800. — Bréguet (Abraham), célèbre horloger, perfectionne les montres à remontoir à masse, invente la clef qui porte son nom, le remontoir au pendant, le parachute, l'échappement à tourbillon, etc., etc., et enrichit l'horlogerie des productions les plus remarquables. Né en Suisse, en 1747, et mort à Paris, en 1823.

PARIS. — TYP. ÉM. VOITELAIN ET Cᵉ, RUE J.-J.-ROUSSEAU, 61

GE

ap-
ant
ncs.
otre
plus
l les
olu-
rité.
des-
ctal
soit
r de
uter

té à
t le
alité
nous
s ce
erie
rau-
clet;
rent
dans

oste.

9 782329 016351